破解昆虫世界的秘密

胡蜂和蜣螂

周　伟◎主编

吉林科学技术出版社

目 录

胡蜂

蜣螂

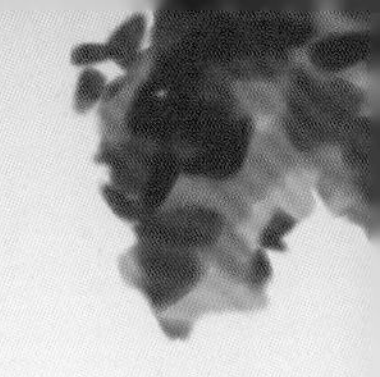

胡蜂

在我们眼中，昆虫都是小巧玲珑的，可有些昆虫别看它个子小，却让人闻风丧胆，胡蜂就是其中的一种。

这都是因为胡蜂有一个强大的武器——毒针。只要被毒针蜇一下，后果可是很严重的。

胡蜂也不像我们人类那样好客，只要谁走进了它的领地，它就会发起猛烈的进攻。胡蜂真的有这么可怕吗？你还想知道胡蜂其他的秘密吗？让我们一起聆听胡蜂的故事吧！

胡蜂蜂巢

胡蜂的故事

在一个美好的春天，我出生了，全身白白胖胖的。和其他兄弟姐妹一样，我生下来就躺在一个六边形的房间里。而许多房间组成的巢穴安置在树干上，像一个巨大的松果。

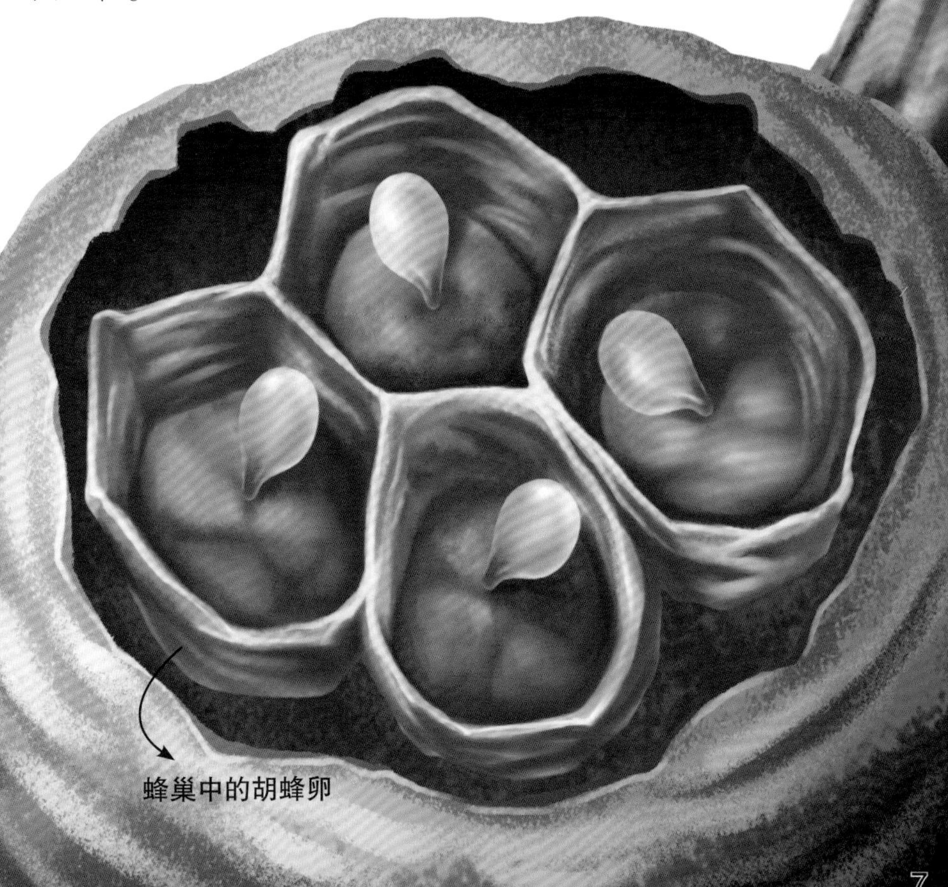

蜂巢中的胡蜂卵

喂养幼虫

一个星期过去了，爬出来后我才发现，我们身体变成了梭形，我能够慢慢地爬了！爸爸早已过世，妈妈生养了很多儿女，我们都称呼它为“蜂后”。家里还有一大群的帮工、保姆、门卫，它们建筑巢穴，负责我们的日常起居，保卫我们的安全，我们称呼它们为“工蜂”。

工蜂饲喂胡蜂幼虫

我喜欢吃苍蝇和毛毛虫，但我还没有捕食的能力，每天都是工蜂把捕捉到的猎物放在我的房间里供我食用。

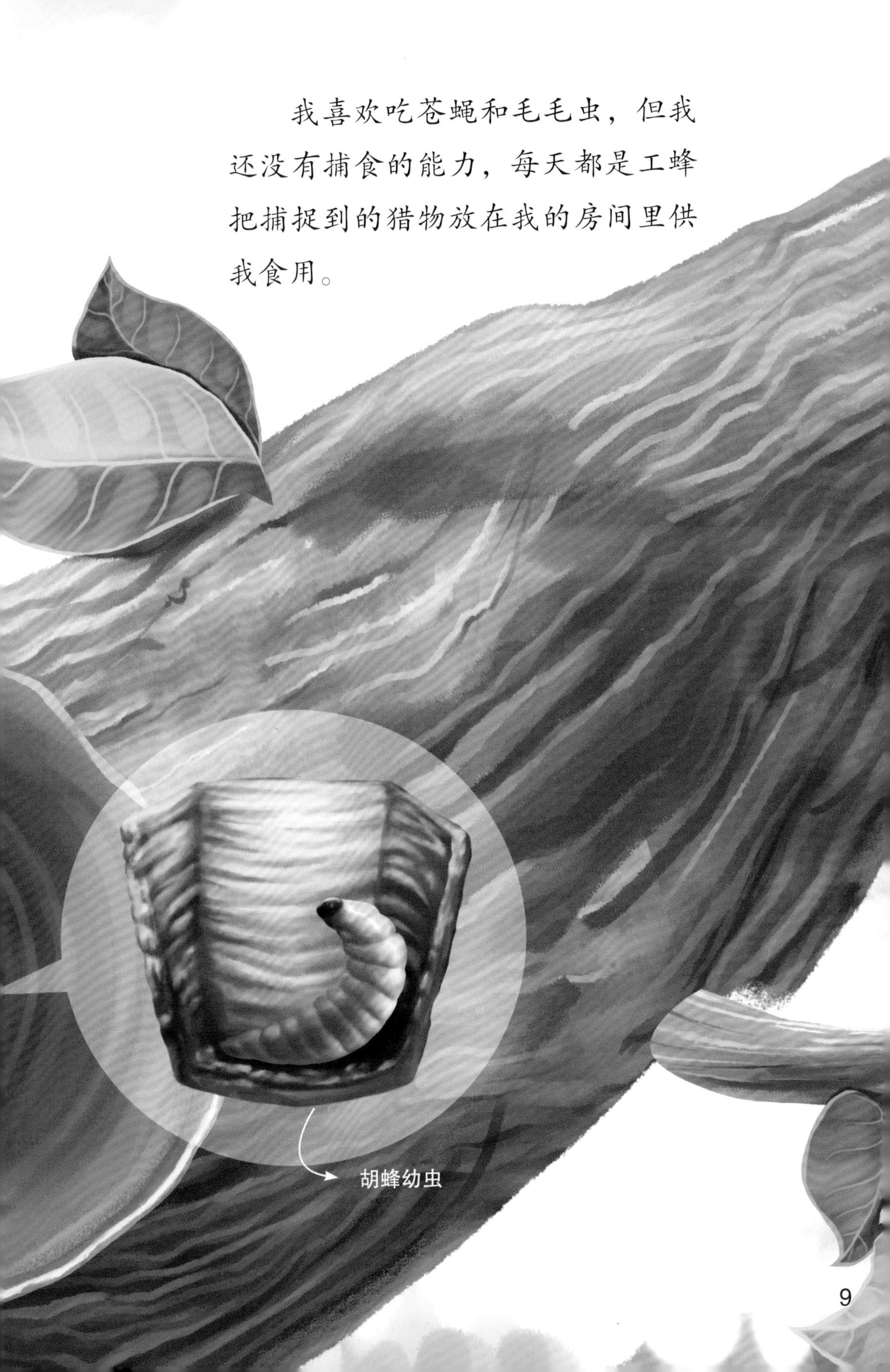

胡蜂羽化

慢慢地我长大了，要化蛹了。我嘴里吐出一圈圈的细丝，形成一个白色的“帽子”，最后将自己的头盖住。

就这样不吃不喝大半个月，我用嘴将“帽子”从中间咬出一个小洞，然后飞了出来。我发现自己体形狭长，白色的身体变成了黑色，还长出了两对翅膀，腹部末端有一根毒针，那是对付坏人用的，是我们家族的“法宝”。

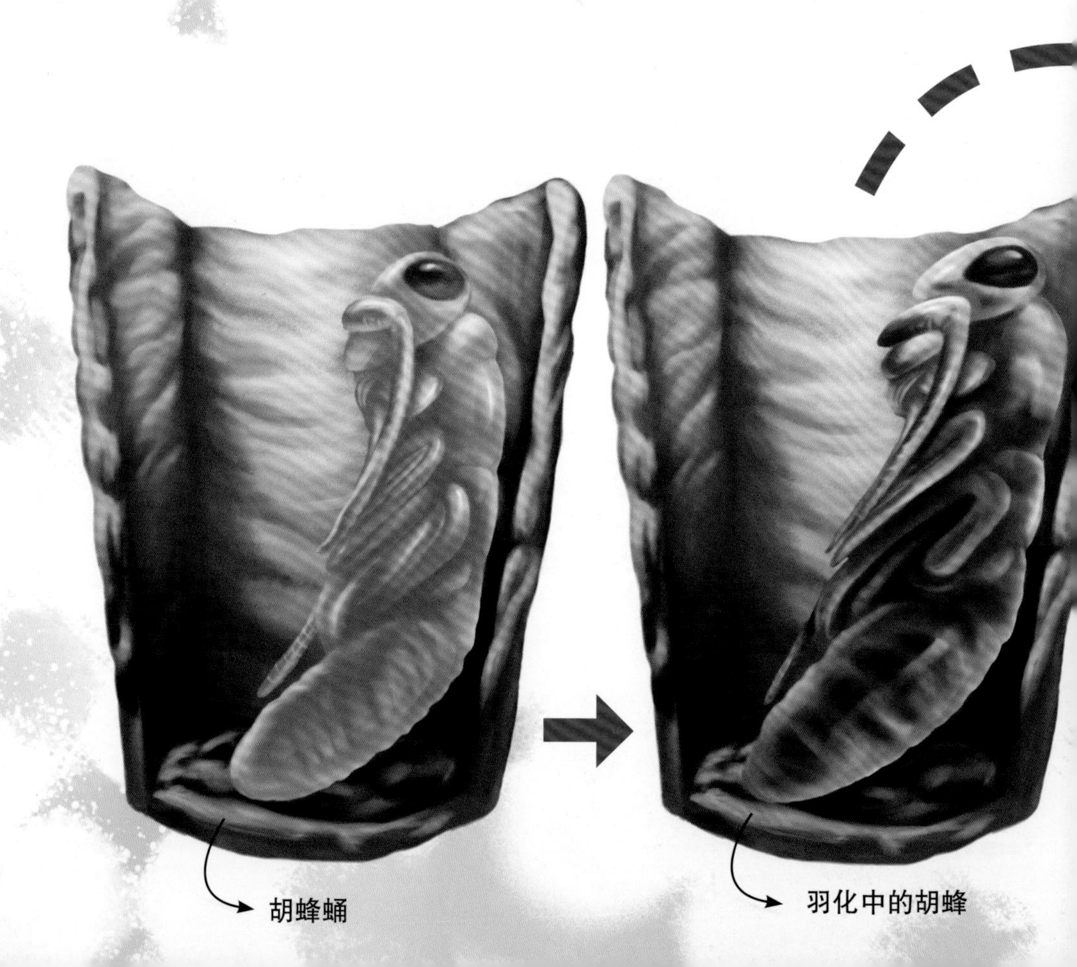

胡蜂成虫

胡蜂卵
胡蜂幼

胡蜂的一生

胡蜂背面图
触角
复眼
翅膀
胸部
足
腹部
胡蜂侧面透视图
触角
口器
胸部
腹部
毒针
足

胡蜂的身体

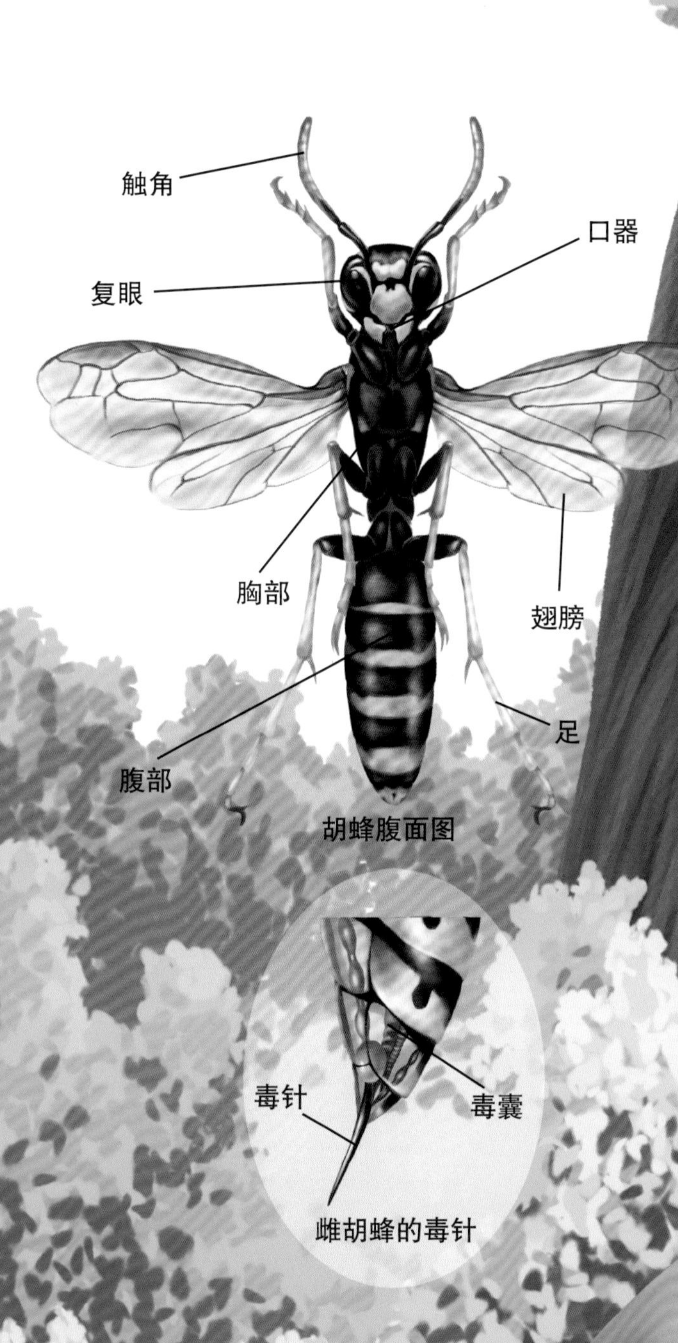

胡蜂腹面图

雌胡蜂的毒针

雌雄分辨

妈妈一辈子生育的儿女多得数不清，这耗费了它很多精力，它去世了。我成为了新的蜂后，今后我的职责将和妈妈一样专门负责生育子女。在工蜂的簇拥下我飞出了巢穴。

我看到一个和我类似的家伙。不过它的身体比我的更加细长、光滑，它的两对翅膀看起来很发达，头胸部有一个细柄与腹部相连。重要的是，它没有毒针。

哦，原来是个小男子汉啊！

胡蜂的姿态

它一会儿停在树叶上休息，一会儿舞动翅膀在空中飞翔，飞行的速度真快啊！

旁边也有其他的男孩儿在飞行，它们好像比赛似的，总想争个高低，最后啊那个男孩子胜出了。我真替他开心！

“你真棒！”

“这都归功于这双翅膀，虽然看起来不大，但飞起来全靠它。”它很谦虚。

雄胡蜂

麻雀捕捉胡蜂

胡蜂的天敌

忽然一只麻雀飞了过来，蜂群发生一阵骚乱，我和那男孩儿赶紧挥动翅膀离开。

“刚才真危险！”我胆战心惊地说。

“麻雀体形巨大，有一张短而尖利的嘴，是我们的天敌。只要被它逮到就别想逃脱了。”它说得头头是道。

胡蜂的毒针

“说了这么多，我们去吃点好吃的休息休息吧！”我提议。

随后我和男孩儿飞到了一片花丛中开始各自享用美餐了。

“真甜，好吃！”

“其实我们的本领也不赖，雌胡蜂尾部都有一根毒针，只要谁敢冒犯，你就可以用毒针蜇它，这种毒针可以连续使用，就算是强大的人类有时也难以抵抗。”

“原来我们这么厉害啊，我一直没有意识到呢！”

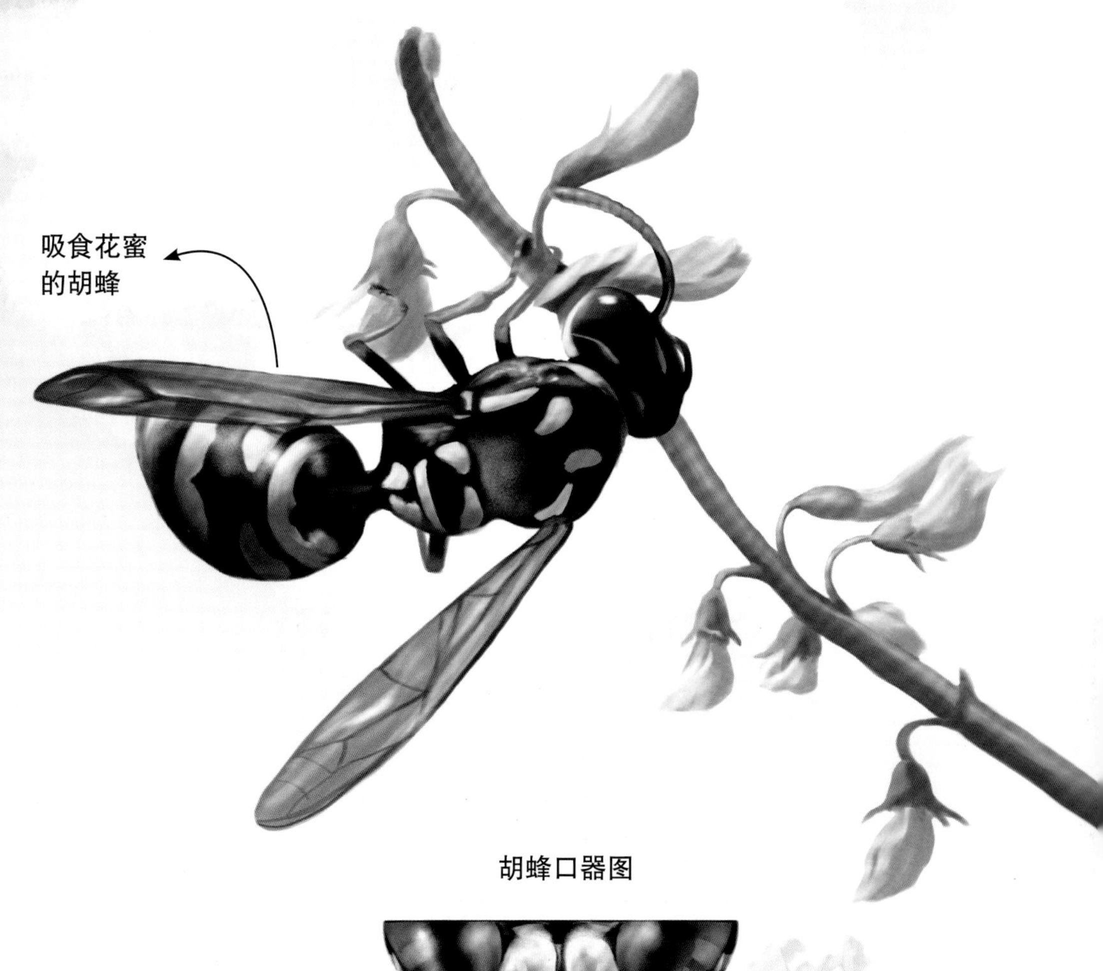

胡蜂口器图

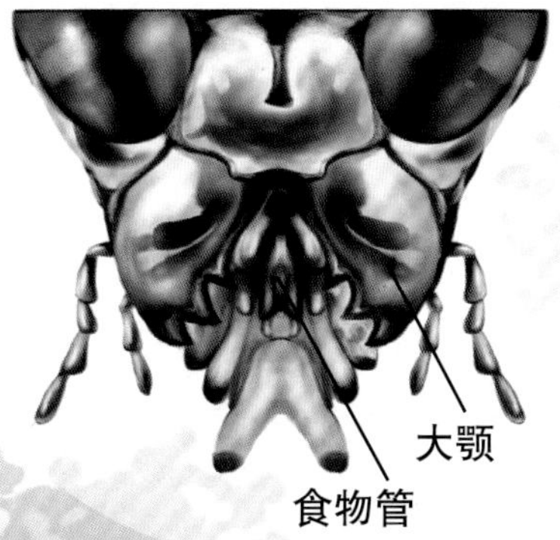

胡蜂的家族

“嗯，要想在这个世界生存下去，没有一点独门武器怎么行呢？”它说得越发带劲了，“咱们胡蜂家族也挺庞大的，且不说世界各地都有我们同类的踪影，就是目前已知的种类就有 5000 多种，如黄长脚蜂、黑尾胡蜂、黄腰胡蜂、黑盾胡蜂等。”

黑盾胡蜂

黄腰胡蜂

黄长脚蜂
黑尾胡蜂

最大的胡蜂

“特别是有一种金环胡蜂，体长达 40 毫米，是世界上最大的胡蜂。它们胆子大，攻击性强，毒针的毒性也是我们的好几倍。”

“是吗？我们同类中还有这么厉害的？我还没见过，它们都生活在哪里呢？”我越发好奇了。

“世界各地都有分布。它们和我们不一样，是自己挖洞，然后在洞中建立足球大的圆形房子，所有的家庭成员都生活在一起。它们的警惕性极高，只要发现房子附近有可疑分子，就会群起而攻之。所以啊，人类对它们也是敬而远之呢！”

金环胡蜂

胡蜂交配

胡蜂产卵

快乐的时光总是很短暂，男孩儿不久就离去了，它的寿命远远比我短。

而我则忙着产下我们的后代，这是我作为新一代蜂后的使命。

蜂后在树洞中越冬

秋天来了，落叶纷飞，天气也转凉了。成群的胡蜂大量死去，这个家散了。

我找了一个温暖的树洞准备过冬，这几个月我将安安静静地度过。

蜂巢特写

一晃眼春天来了。我在树上建了一个小巢，将卵宝宝产下来。很快它们长大了，成为第一批工蜂。我继续产卵，工蜂则负责养育卵宝宝，采集食物，扩建巢穴。

又是一个秋天，孩子们都长大了，我的身体也日渐衰弱。看着其中的一个孩子成了新的蜂后，我才安心地离去。

蜂巢

别捅“马蜂窝”

人们常说：“捅了马蜂窝，定要挨蜂蜇。”马蜂也就是胡蜂，它们的脾气很暴躁。一旦它认为自己的活动受到打扰或领地被侵袭，就会释放毒针。

马蜂蜇人时，会把警报信息素停留在人的皮肤里，其他马蜂闻到这种气味后，能迅速而有效地组织攻击。

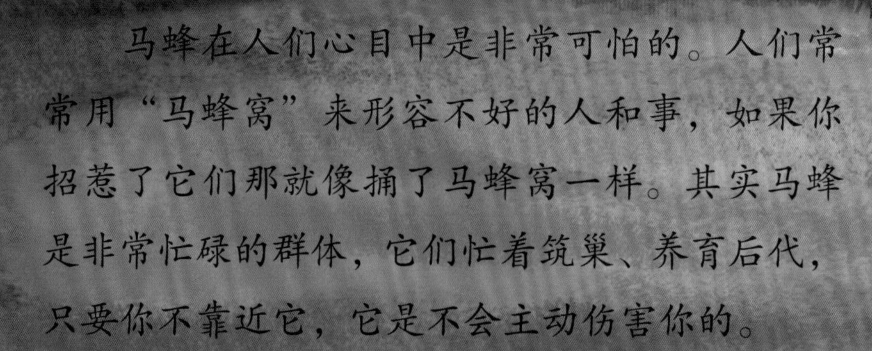

马蜂在人们心目中是非常可怕的。人们常常用“马蜂窝”来形容不好的人和事，如果你招惹了它们那就像捅了马蜂窝一样。其实马蜂是非常忙碌的群体，它们忙着筑巢、养育后代，只要你不靠近它，它是不会主动伤害你的。

蜣螂

在广大的昆虫世界里，有一种专门吃粪便的昆虫，叫蜣螂，也就是人们常说的“屎壳郎”。每当人们看到蜣螂的时候，它们多半都是在滚粪球。蜣螂制作粪球有两个用途：一是储存起来供自己食用，二是供自己产在粪球内由卵孵化后的幼虫食用。在幼虫蜕变为成虫的整个过程中，都是靠食用粪球来维持生长的。

夏季草原上的粪便如果没有大批蜣螂的辛勤劳作、处理，将不可想象。现在，让我们放下成见，一起走进蜣螂的世界吧！

蜣螂的故事

粪球里的蜣螂卵

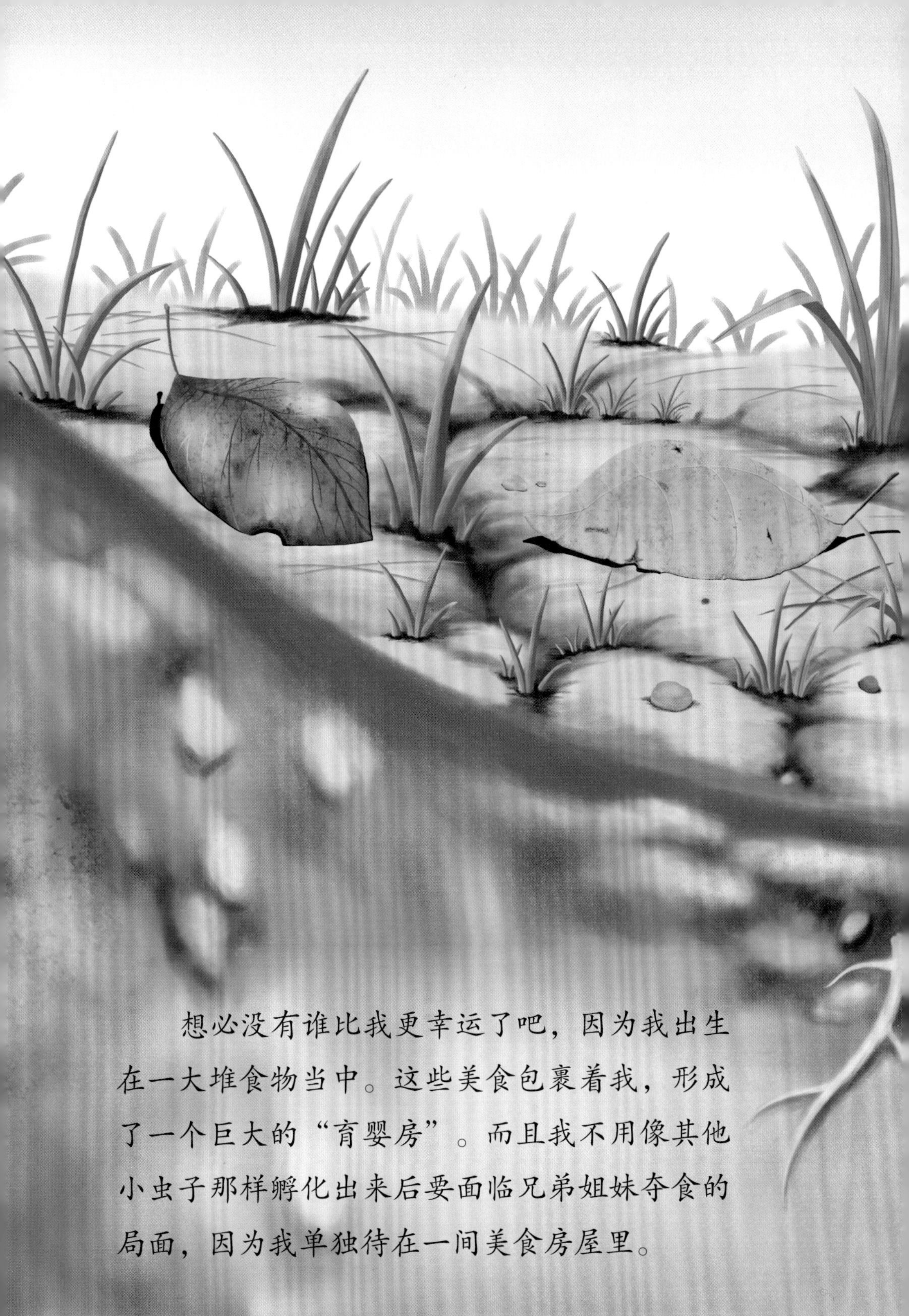

想必没有谁比我更幸运了吧，因为我出生在一大堆食物当中。这些美食包裹着我，形成了一个巨大的“育婴房”。而且我不用像其他小虫子那样孵化出来后要面临兄弟姐妹夺食的局面，因为我单独待在一间美食房屋里。

喂养幼虫

我已经出生整整10天了，小小的卵壳已经越发包裹不住我渐渐长大的身体，决定了，今天就是我破卵而出的日子！我用力将嘴边的卵壳咬破了一个小口，这卵壳薄薄软软的，不必费多大劲儿就被我咬开了，身体顺着破裂的口子爬了出来，非常顺利，我终于可以享用期待已久的美食了。

这美味的“育婴房”是父母早早为我准备好的，有如梨般大小，这对年纪尚幼的我来说非常巨大。一个梨给人类吃几口就吃完了，而我却要吃上近一年的时间，这个“梨”将陪伴我度过整个幼虫时期。我一边吃着美味的食物，一边成长着。眼看着身体一天天变大，而养育我的这个“梨”却越来越小。我知道我不能永远安逸地待在这里了，我也要像爸爸妈妈一样离开漆黑的地洞，去阳光下迎接新的生活。

不过在此之前，我不得不经历一段痛苦的蜕变过程，就是化蛹。没错，像蝴蝶幼虫一样将自己包裹在蛹里，表面上纹丝不动，体内却起了翻天覆地的变化。蛹期有整整 20 天，20 天过后我的生命正式进入新阶段。不过我不会长出蝴蝶那样漂亮的翅膀，因为我是一只蜣螂。

因为我们喜爱吃粪便的习性，人类通常称呼我们为屎壳郎，当然这也没什么，我们并不介意。

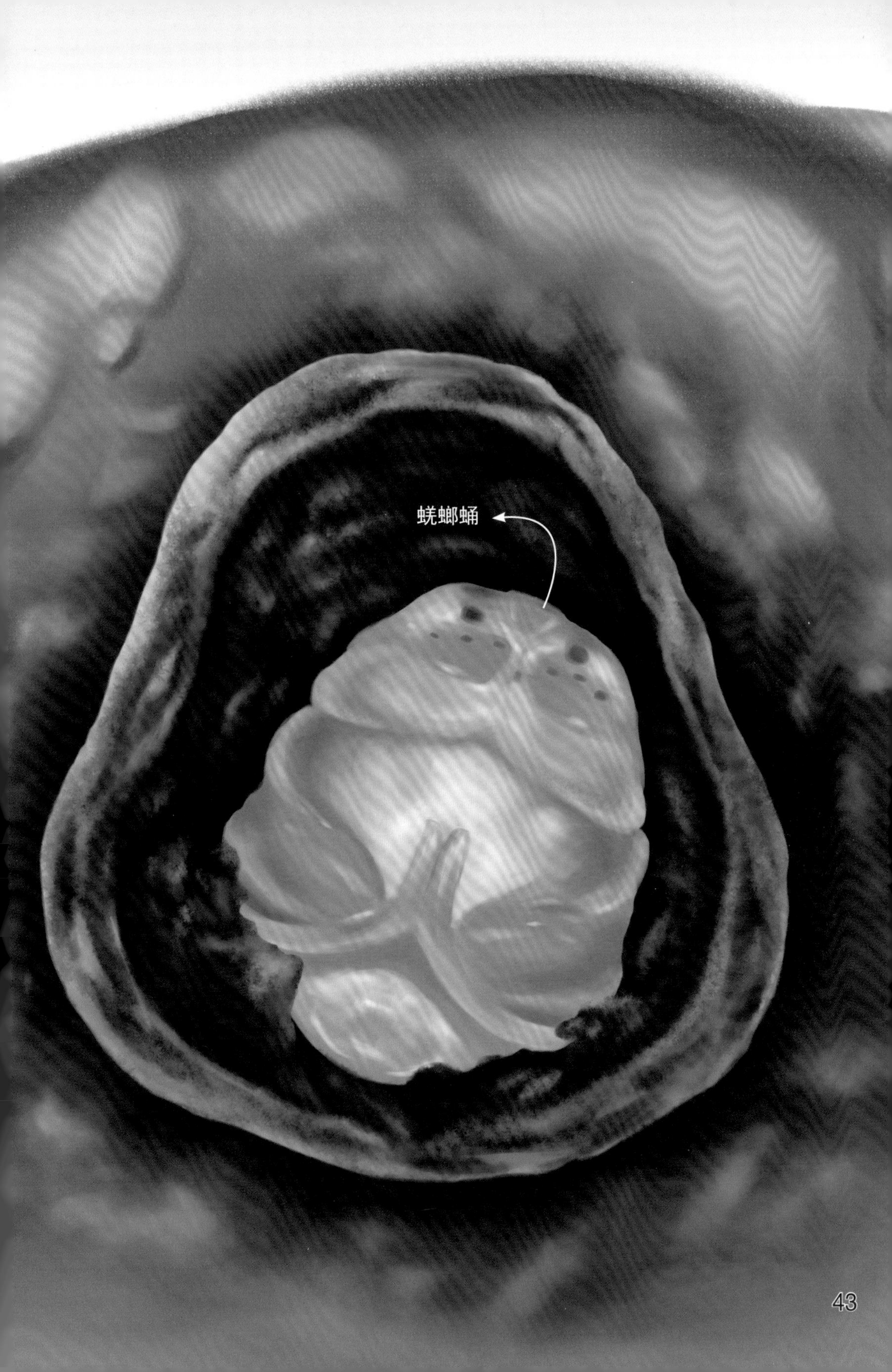
蜣螂蛹

蜣螂的一生

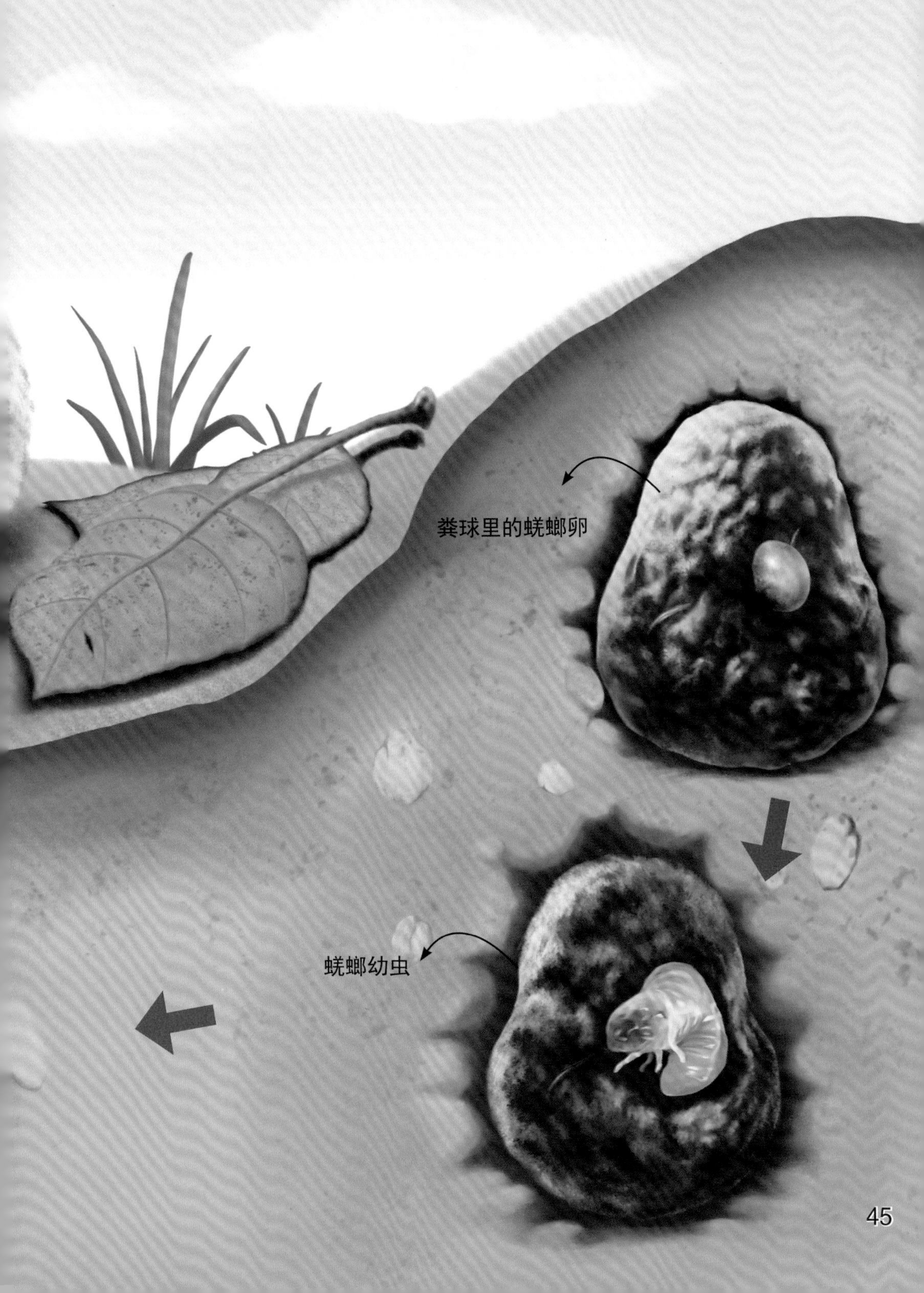
粪球里的蜣螂卵
蜣螂幼虫

蜣螂的身体

蜣螂侧面透视图

口器
触角
复眼
鞘翅
足
蜣螂背面透视图

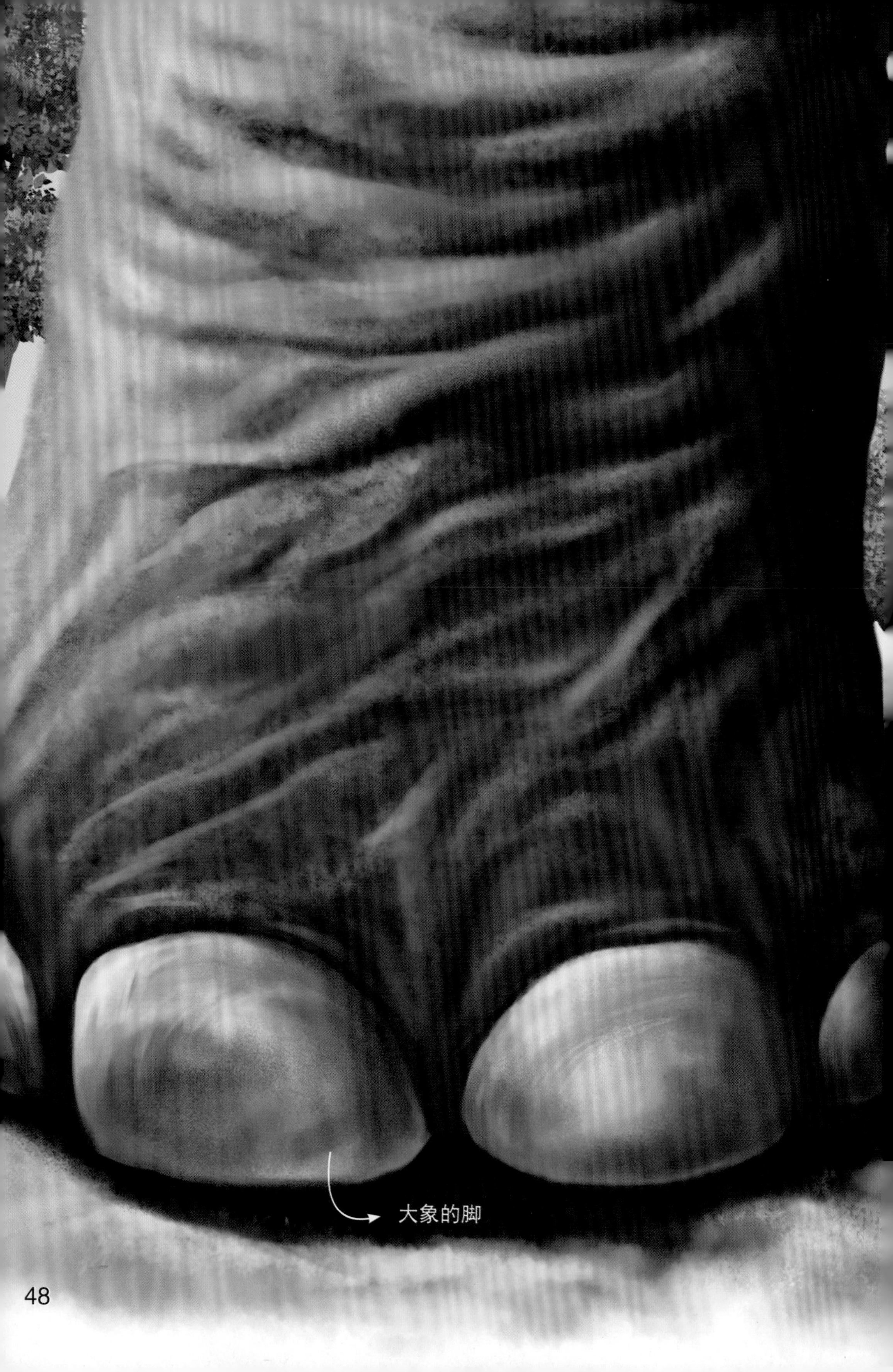
大象的脚

成年后的我面对的第一件事当然是寻找食物，房子里的粪便已经被我吃得干干净净了，我把头探出洞口，四周是全新的世界，这里能找到食物吗？我有些担心。

蜣螂找食物

天色突然变得暗淡起来，远处一片黑压压的东西是什么？我爬了出来，朝着不知名的黑色物体前进。渐渐地，我靠近了它，这巨大的脚趾……莫非是大象？我惊喜不已，这意味着我一直跟着它就能收获到美食啦！

正在做粪球的蜣螂

果然没过多久，大象排出了很多粪便，顷刻间“芳香四溢”，我看着满地的美味，乐滋滋的，这够我吃上好长时间呢。

偷粪球的蜣螂

不容多想，我赶紧忙活了起来，用前爪把粪便聚拢，拍打成球状，然后一层一层增厚加固，同时用脚上的锯齿剔除掉粪球上不能吃的植物纤维。一颗美味的粪球做好之后，我准备把它搬运回家，转身之际却发现周围不知什么时候来了许多同伴，想必都是被大象粪便的香味吸引过来的。想了想，看来我还不能回家，得再做几颗才行。

偷粪球的蜣螂

我低头忙着做粪球，谁知身后悄悄地出现了一位不速之客——一个可恶的窃贼。它居然趁我不注意偷走了我的粪球，等我发现的时候它早已走远了。

雌雄分辨

我有些沮丧，辛辛苦苦做的第一颗粪球就这样被偷走了，真不甘心！

“嗨！”一位“妙龄少女”在对我打招呼。

我挤出了一个笑容回应她。

“你看起来似乎很难过。”她察觉到了我的低落。

“嗯，刚刚做好的粪球被偷走了。”

“啊，是谁这么可恶，难道想不劳而获吗？”她气愤地说道，“我来帮你吧！你做好粪球之后我们一起推回去。你应该是落单才会被小偷盯上的。”

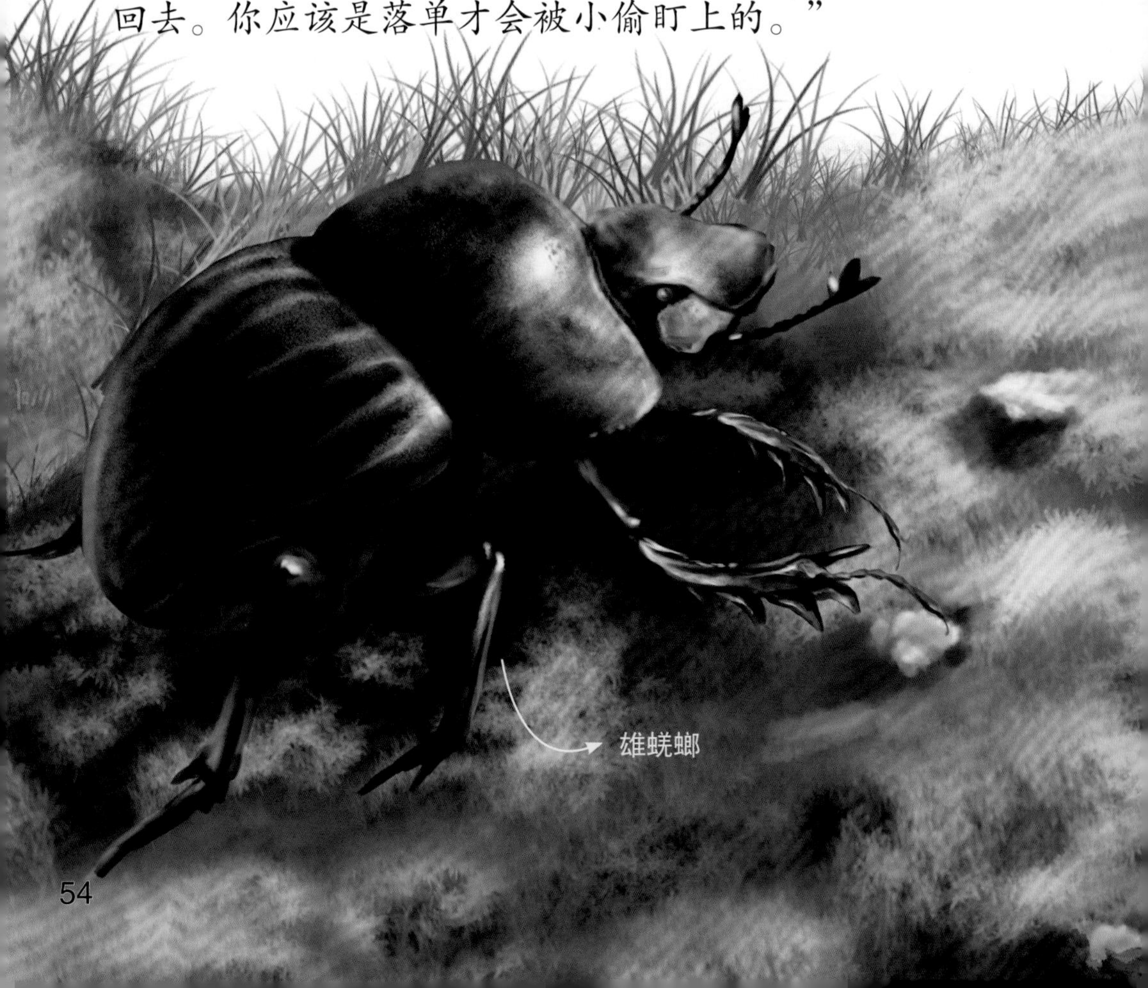

雌蜣螂
雌蜣螂比雄蜣螂体形稍大

“谢谢，你太好了！”我感激地说道。说实话，滚粪球是一项比做粪球更艰巨的任务。

事不宜迟，我迅速滚好一颗新的粪球后就准备上路了，我攀着粪球将身体倒立，用两条长长的后腿抱着粪球，中间的两条腿支撑在粪球中间，前腿交替着地，就

雌雄蜣螂一起滚粪球

这样推着粪球向前走。少女则与我相反，它仰着头，前腿放在粪球上固定，后腿交替着地。

蜣螂的巢穴

就这样，我们一起推着粪球，很快就到达了目的地。因为粪球不能一直暴露在烈日下，容易被太阳晒干，所以我们得挖一个地洞才行。我让它在一边照看着粪球，就动手开始挖了。地面虽然有很多泥沙，但是

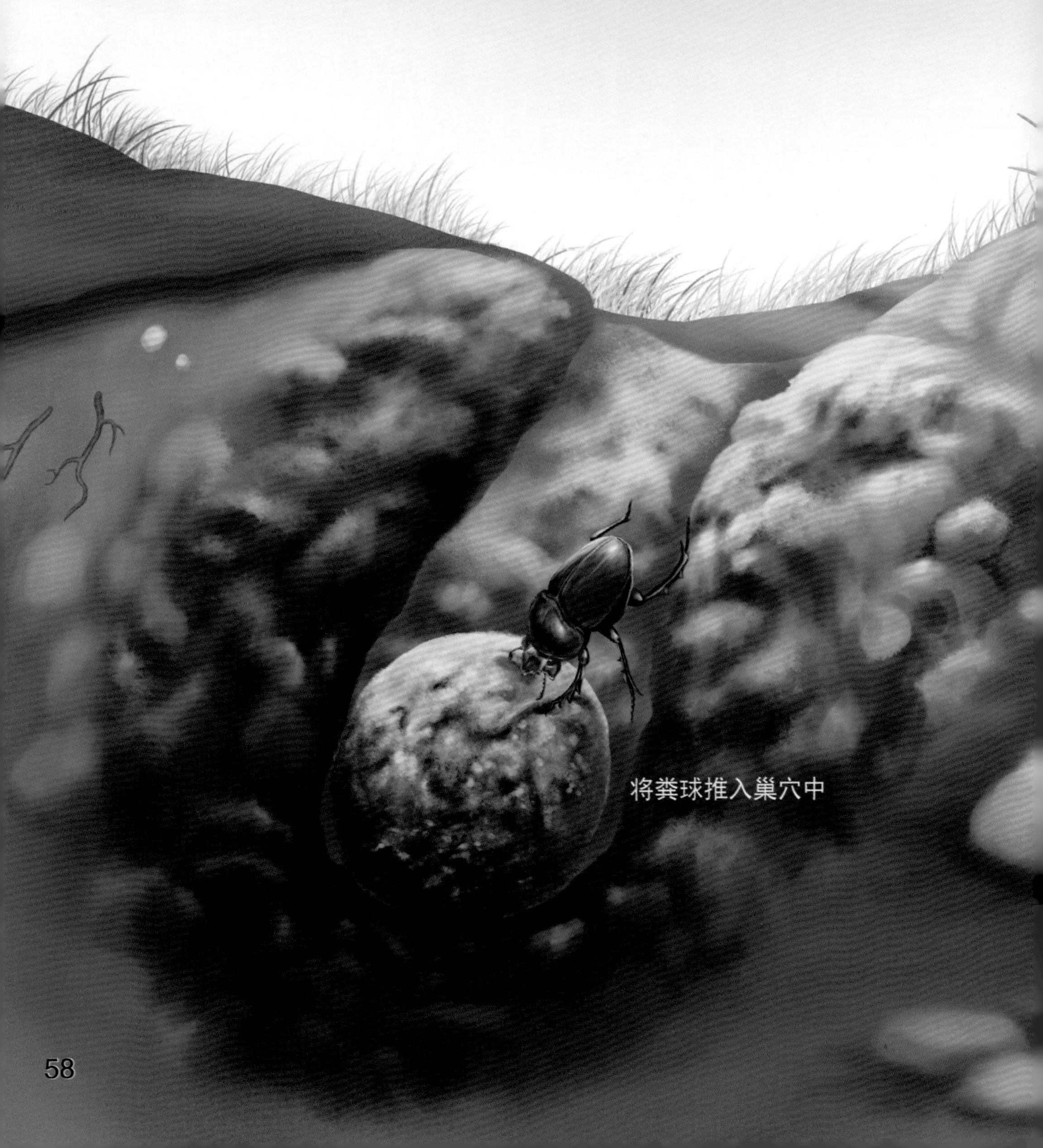

将粪球推入巢穴中

我的腿上带着锯齿，挖这些泥沙并不困难。泥沙被一下一下往外抛，直到我整个身体进入地下才算挖好。少女帮忙把粪球推了进来，很好，这洞不大不小，正好合适。

蜣螂挖掘巢穴

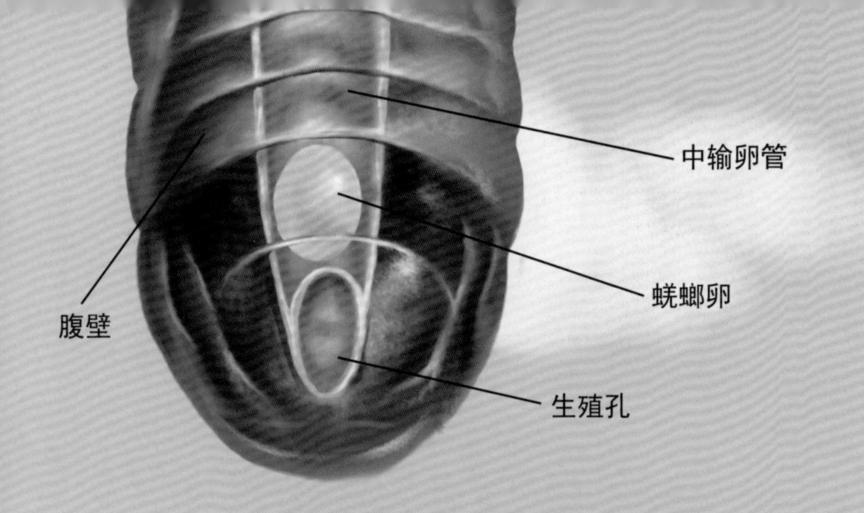

产卵器透视图

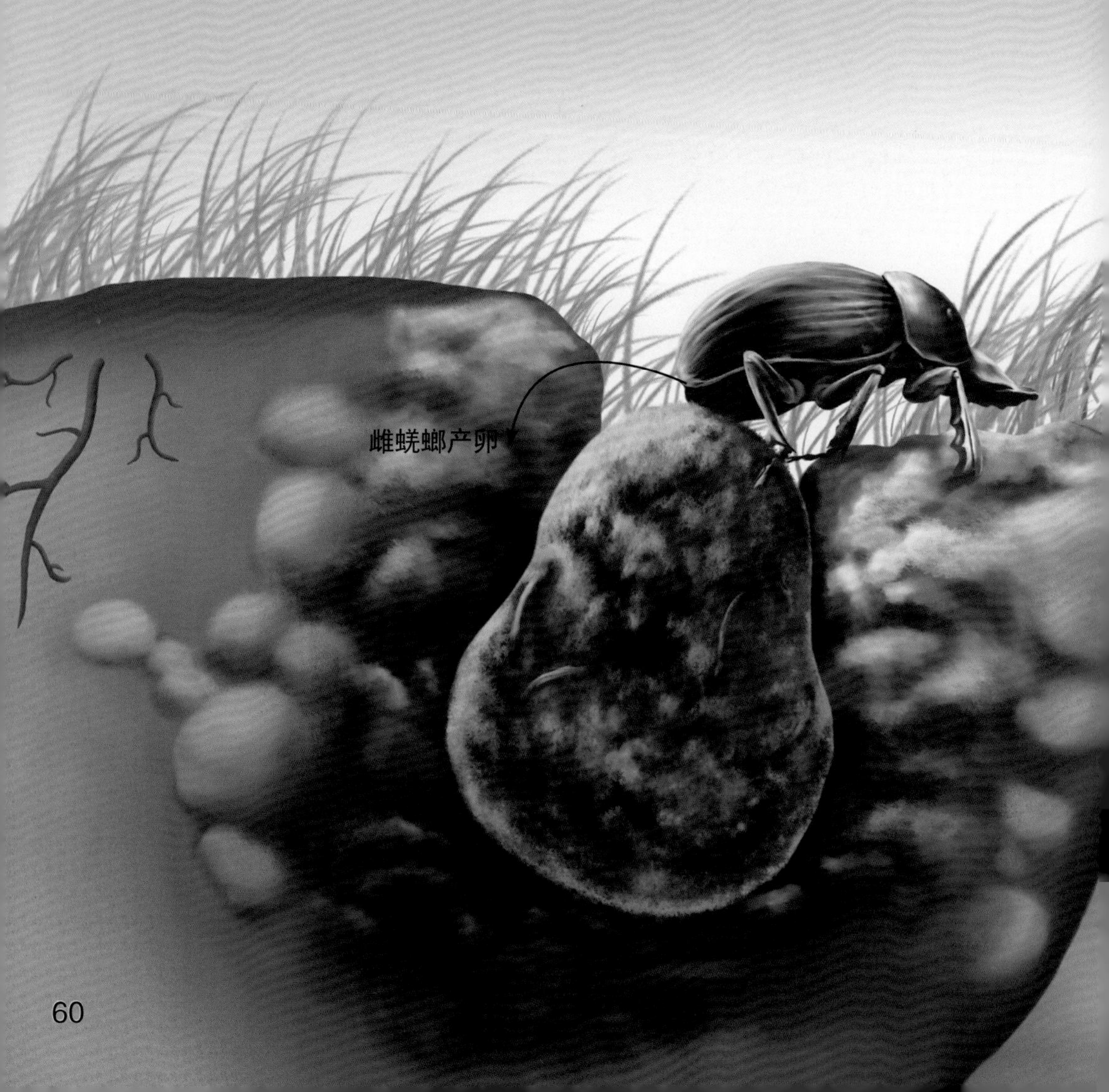

蜣螂产卵

“女士，你愿意和我共进午餐吗？”推完粪球，我邀请她。

她有些害羞，不过还是欣然应允了。

后来，经过了一段时间的相处，我们结为了夫妻，在未来的日子里我将不再孤单，我们可以一同努力寻找食物，享用美餐。当然我们还会生儿育女，繁衍后代，幸福地生活下去。

蜣螂交配

蜣螂的天敌

当然，我的生活也变得更加忙碌了，每天不仅要准备自己和妻子的一日三餐，还要为孩子的将来做打算，要让我的孩子也像我一样，出生在一间巨大的美食屋里。而且我得把放置粪球的地洞挖得深一些，因为我们生活的地方有一种可怕的动物，名叫蜜獾。

它们力大无穷，能轻易将沙土拨开，吃掉我们的孩子。我年幼时就有很多同类命丧其口。我是幸运的，顺利地躲过了这一劫难，并且幸福地度过了这一生。

蜜獾捕食蜣螂幼虫

蜣螂的家族

蜣螂是一个大家族，有许许多多的亲戚，他们生活在世界各地。

神农洁蜣螂
凹背利蜣螂

太阳神的象征

就像蝉在中国古代象征着高洁、永生一样，蜣螂这种小昆虫在古埃及也有着非凡的寓意。

在古埃及人看来，蜣螂象征生生不息和旺盛的生命力，是太阳神的化身。它们每天迎着东方的第一缕阳光从土里钻出，在动物的粪便里爬来爬去，不断滚动粪球，然后孵化出小蜣螂，周而复始，永不停歇。

有古代学者曾写下一段关于蜣螂的神话：蜣螂

将粪球从东边推到了西边，然后埋到泥土里，这大约需要28天，28天正是月亮公转的时间。这段时间内，蜣螂的孩子将获得生命。第29天，也就是太阳和月亮相会，新世界开始的日子，它回到埋粪球的地方，挖出粪球，于是，新生命诞生了！

人们从中得到启示，认为蜣螂是太阳神的化身，可以保护人们免遭邪恶和各种疾病的侵袭。为此，古埃及人有佩戴蜣螂护身符的习惯。

读书笔记（胡蜂）

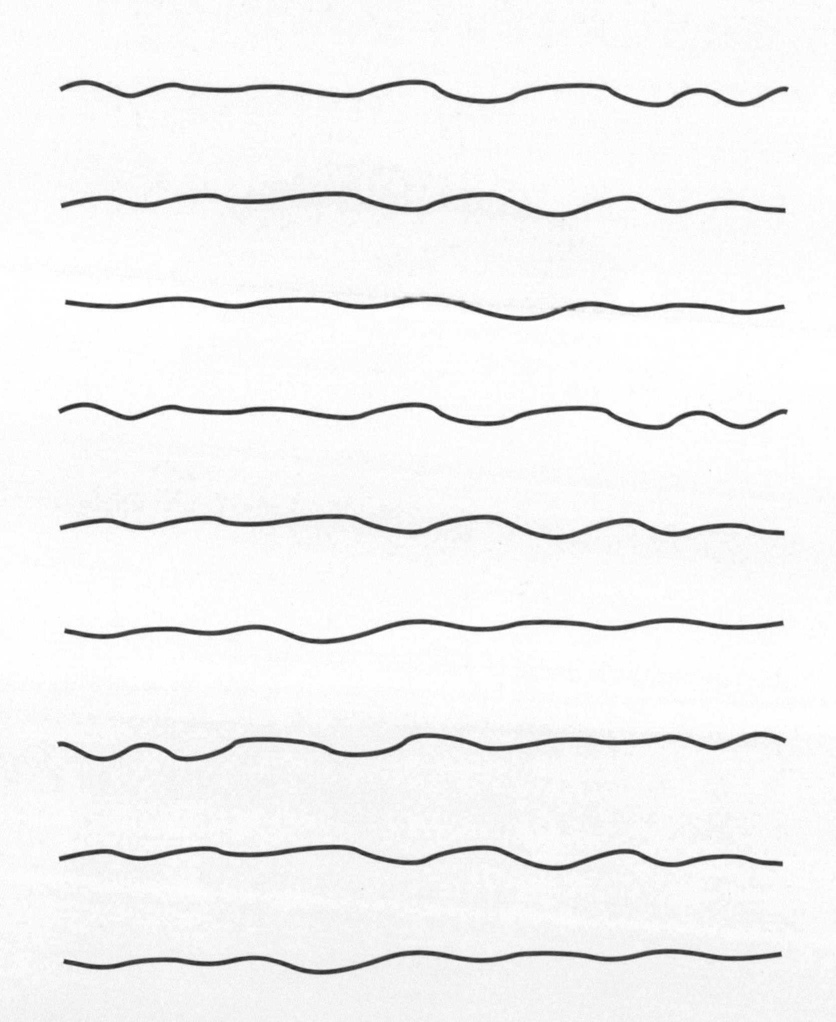

读书笔记（蜣螂）

图书在版编目（CIP）数据

破解昆虫世界的秘密．胡蜂和蜣螂 / 周伟主编．-- 长春：吉林科学技术出版社，2021.9

ISBN 978-7-5578-8545-8

Ⅰ．①破… Ⅱ．①周… Ⅲ．①胡蜂科－儿童读物②粪金龟科－儿童读物 Ⅳ．① Q96-49

中国版本图书馆 CIP 数据核字 (2021) 第 171531 号

破解昆虫世界的秘密 胡蜂和蜣螂

POJIE KUNCHONG SHIJIE DE MIMI HUFENG HE QIANGLANG

主　　编　周　伟
出 版 人　宛　霞
责任编辑　王旭辉
封面设计　长春美印图文设计有限公司
制　　版　长春美印图文设计有限公司
幅面尺寸　167 mm × 235 mm
开　　本　16
字　　数　57 千字
印　　张　4.5
印　　数　1—5000 册
版　　次　2021 年 10 月第 1 版
印　　次　2021 年 10 月第 1 次印刷

出　　版　吉林科学技术出版社
发　　行　吉林科学技术出版社
地　　址　长春市福祉大路 5788 号
邮　　编　130118
发行部电话 / 传真　0431-81629529　81629530　81629231
81629532　81629533　81629534
储运部电话　0431-86059116
编辑部电话　0431-81629517
印　　刷　吉林省创美堂印刷有限公司
书　　号　ISBN 978-7-5578-8545-8
定　　价　24.80 元